本书获得重庆市科技局科普项目支持

节水优先小知识

陈　敏　李如伊　等编著

U0265969

黄 河 水 利 出 版 社

·郑　州·

图书在版编目(CIP)数据

节水优先小知识/陈敏等编著.—郑州:黄河水利出版社,2023.7
ISBN 978-7-5509-3617-1

Ⅰ.①节… Ⅱ.①陈… Ⅲ.①节水用水-基本知识 Ⅳ.①TU991.64

中国国家版本馆 CIP 数据核字(2023)第 127929 号

组稿编辑 王路平 电话:0371-66022212 E-mail:hhslwlp@ 163. com

责任编辑 景泽龙　　　　　　　　　责任校对 兰文峡
封面设计 张心怡　　　　　　　　　责任监制 常红昕
出版发行 黄河水利出版社
　　　　 地址:河南省郑州市顺河路 49 号 邮政编码:450003
　　　　 网址:www. yrcp. com E-mail:hhslcbs@ 126. com
　　　　 发行部电话:0371-66020550
承印单位 河南匠心印刷有限公司
开　　本 787 mm×1 092 mm 1/32
印　　张 1.375
字　　数 40 千字
版次印次 2023 年 7 月第 1 版 2023 年 7 月第 1 次印刷
定　　价 20.00 元

《节水优先小知识》
编著组

组　长	中　意	中共重庆市永川区委教育工委书记、教委主任、博士
	陈　敏	重庆水利电力职业技术学院党委副书记、博士、中国科普作家协会会员
副组长	童　斌　魏承文　廖荣德　钟其敏	
	傅　康　张守平　侯　新　李如伊	
成　员	刘小红　舒乔生　张　杰　胡　萍	
	刘嘉夫　王晓琴　袁俊坤　何彭建	
插　图	欧阳桦	

前 言

人类逐水而居，文明因水而兴。一部世界发展史，始终叠印着潺潺河流的起起伏伏。特别是人类利用的淡水资源，大约只占全球总储水量的十万分之七，是经济社会发展的基础性、先导性、控制性要素，是不可替代的宝贵资源。

水是生命之源、生产之要、生态之基、生活之本。我国人多水少，水资源时空分布不均、与生产力布局不相匹配，供需矛盾十分突出。习近平总书记提出的"节水优先、空间均衡、系统治理、两手发力"治水思路，既是实践经验的总结，又是思想理论的发展，是习近平生态文明思想的重要内容，为推进我国治水兴水大业提供了根本遵循。

打开水龙头让水哗哗地流，再多的水也不够用。节水优先，就要推动全社会节约每一滴水，形成亲水、惜水、节水的良好氛围，实现以最小的水资源消耗获取最大的经济、社会、生态效益。重庆水利电力职业技术学院坚持以习近平生态文明思想为指导，围绕什么是节水、为什么要节水、怎么节水等基本问题，编写了这本《节水优先小知识》科普读物，用通俗易懂的语言、图文结合的方式，向大家普及推广了节水的科学精神、科学思想、科学知识、科学方法。这是一件非常及时、非常有价值的好事，有利于让"节水优先"走进千家万户、成为行为习惯。

作 者

2023 年 5 月

目 录

第一章　节水才是硬道理

高度重视水安全风险，大力推动全社会节约用水。

——2021 年 10 月 22 日，习近平总书记在深入推动黄河流域生态保护和高质量发展座谈会上的讲话

如果用水思路不改变，不大力推动全社会节约用水，再多的水也不够用。

——2021 年 10 月 22 日，习近平总书记在深入推动黄河流域生态保护和高质量发展座谈会上的讲话

水是一切生命体所必需的物质，是人民生活稳定健康的重要衡量指标，缺水严重时会危及生命，而水质不好也会对人体造成不可逆转的伤害。我们的星球虽然大部分面积都被水覆盖，但真正可供人类使用的淡水资源少之又少，水危机将成为继石油危机之后人类社会的重大威胁。新中国成立以来，我国一直在总结自身水资源问题，积极探索出应对水危机的新政策，为有效解决水安全风险提出了新要求。

1 水是生命之源

在一定程度上，人就是水的产物，人体大部分是由水组成的，不同年龄段的人含水量不同，刚出生的婴儿含水量在 90% 左右，儿童的含水量在 80% 以上，成年人的含水量为 60%~70%，老年人的含水量则在 60% 以下。水在人的大脑、心脏、肾脏等器官中占 80% 以上。可以说，没有水就没有生命。

【拓展 1　女人是水做的吗?】

俗话说："女人是水做的，男人是泥做的。"事实上，由于男性肌肉组织比女性更丰富，而肌肉含水量要高于脂肪，所以实际男性所含的水占体重的比例为 60% 以上，女性仅为 50%~55%。因此，比较而言，男人才是"水"做的，甚至比女人更需要保湿补水。

▇ 1.1　从量上看，失水危及生命

人的身体在缺水时会出现诸多问题，失水量占体重的 2%，人就会明显感到口渴；占 4% 时，人明显有眩晕的感觉；失水量占体重的 7% 时，身体器官会严重受损；达到 10%，人体器官会出现衰竭，极有可能导致死亡。对人体来说，水是仅次于空气的重要物质。一般来说，常人能够憋气 3 分钟内；没有水，能生存 3 天；若没有食物，可生存 3 周。

【拓展 2　两项世界纪录】

布迪米尔·布达·索巴特（Budimir Buda Sobat）在克罗地亚希萨克镇的一个泳池里进行了水下闭气挑战。最终创造了 24 分 37 秒的世界纪录，打破了 24 分 03 秒的旧纪录。

20 世纪 60 年代，苏格兰阿格斯巴比利的 27 岁青年，最胖时达 207 kg。为了减肥，他只喝水、零卡饮料以及补充维生素，一直持续 382 天！创下吉尼斯世界纪录。

1.2 从质上看，水质决定体质

人体血液中 90% 以上的成分来源于水，所以水质决定血质，血质决定体质。世界卫生组织调查显示，全世界 80% 的疾病、50% 的儿童死亡都与饮用水水质有关，饮用不良水质水而导致的消化疾病、传染病、皮肤病、糖尿病、心血管疾病、结石病、癌症等多达 50 种，因水质引起的新发病种也越来越多。

联合国儿童基金会和世界卫生组织指出，全球现有 22 亿人无法获得安全饮用水，水质污染已成为人类健康的头号杀手。

【拓展 3　越南癌症村】

据越南青年新闻网 2015 年 2 月 2 日报道，在过去 20 年内，越南中部及北部 37 个村子共有 1 136 人因癌症死亡。检测结果显示，水源污染是主要原因。

2　"水球"缺水

2.1　地球是个水球

地球表面超过 70% 的面积是被水覆盖的，如果把这些水均匀地平铺在地球表面，会形成约 2 700 m 厚的水层，因此地球也被称为"水球"。

2.2　弱水三千只取一瓢

地球上的总水量为 13.86 亿 km^3。其中：陆地淡水资源只占总水量的 2.53%，而真正能够被人类直接利用的淡水资源不到 0.01%。因此，生活在"水球"上的人类长期面临着缺水的困扰。联合国 2022 年《世界人口展望报告》指出：全球人口将于 2030 年和 2050 年分别增长至 85 亿和 97 亿，到 21 世纪末将增至 104 亿，因此水资源的消耗量将急剧增长，到 2030 年，全球可能面临 40% 的水资源短缺。

缺水不仅影响人们生命健康、生活质量，而且制约地方经济发展、社会进步，甚至关系国家安全、民族危亡。

3 水危机"四"伏

2014 年 3 月 14 日，习近平总书记在中央财经领导小组第五次会议上的讲话中指出，我国水安全已全面亮起红灯，高分贝的警讯已经发出，部分区域已出现水危机。河川之危、水源之危是生存环境之危、民族存续之危。水已经成了我国严重短缺的产品，成了制约环境质量的主要因素，成了经济社会发展面临的严重安全问题。

当前，我国正面临新老水问题交织的复杂局面。老问题就是地理气候环境决定的水时空分布不均以及由此带来的水灾害。此外，水资源短缺、水生态损害、水环境污染等新问题也日益突出。

3.1 水灾害不间断——水旱频发、贯穿历史

新中国成立前，中国发生较大洪水灾害 1 092 次，较大旱灾 1 056 次，历史上黄河曾决口泛滥 1 500 多次。1991 年至 2020 年期间，我国年均因洪涝灾害死亡或失踪人口达 2 020 人。

据应急管理部发布的 2022 年全国自然灾害基本情况，2022 年中国全年因洪涝和地质灾害造成的直接经济损失达 1 289 亿元，因干旱灾害造成的直接经济损失达 512.8 亿元。从某种意义上说，中华民族的发展史就是一部与水旱灾害作斗争的历史。

【拓展4 抗洪精神】

1998 年夏，特大洪水突袭长江、嫩江和松花江流域，全国受灾面积达 3 亿多亩❶，受灾人口达 2 亿多人，直接经济损失 1 660 亿元。在党中央的坚强领导下，全国军民奋起抗击，取得全面胜利，形成了"万众一心、众志成城、不怕困难、顽强拼搏、坚忍不拔、敢于胜利"的伟大抗洪精神。

---

❶ 1 亩 = 1/15 hm² ≈ 666.67 m²。

【拓展5　红旗渠精神】

1959 年，林县遭遇了有史以来最为严重的旱灾。1960 年 2 月，红旗渠工程宣告启动。党员领导干部率先垂范，冲在施工一线，同林县人民一起奋战十年，在层峦叠嶂的太行山上逢山凿洞，遇沟架桥，于 1969 年实现了长达 1 500 km 的"人工天河"红旗渠全面竣工，形成了"自力更生、艰苦创业、团结协作、无私奉献"的红旗渠精神。

3.2　水资源不均衡——常态缺水、人均不足

自古以来，我国基本水情一直是夏汛冬枯、北缺南丰，水资源时空分布极不均衡。据统计，我国近 2/3 城市不同程度缺水。全国正常年份缺水量达 500 亿 m³，2021 年我国人均水资源量 2 090.1 m³，仅占世界平均水平的 1/4，是世界上主要经济体中受水资源胁迫程度最高的国家之一，我国以世界 6% 的淡水资源量，创造了世界 17% 的经济总量，养活了世界 20% 的人口。

【拓展 6　联合国人均环境署界定国家或地区缺水标准】

人均水资源量/m³	缺水程度
<3 000	缺水
<2 000	中度缺水
<1 000	重度缺水
<500	极度缺水

注：人均水资源量 1 750 m³ 被列为国际用水紧张的警戒线。

3.3　水生态不稳定——水土流失、河湖萎缩

我国是世界上水土流失最严重的国家之一，2021 年全国水土流失面积 267.42 万 km²，占国土面积的 27.8%，较 2020 年减少 1.85 万 km²，减幅 0.69%。❶ 水土流失造成土壤沙化退化、河湖淤积、生态破坏等后果。据统计，近 40 年全国面积大于 10 km² 的湖泊一度有 200 多个萎缩，面积减少 18%，蓄水量减少 500 亿 m³。

---

❶　人民日报. 2021 年度我国水土流失面积强度"双下降". 2022.6.

【拓展7 "长江之肾"患上"肾结石"】

　　自 1860 年、1870 年长江大水形成长江四口分流分沙格局以来，受自然演变和人类活动双重影响，洞庭湖逐渐淤积萎缩，湖泊面积由全盛时期（17—19 世纪）的 6 000 km² 减少到 2 625 km²，调蓄、行洪、水源涵养功能持续弱化，影响湖区生态环境和功能发挥。2003 年三峡工程建成运行，洞庭湖由淤积转为微冲，也为疏浚复苏洞庭湖创造了条件。

【拓展8　白鲟灭绝】

2022 年 7 月 21 日，世界自然保护联盟（IUCN）更新濒危物种红色名录，素有"水中大熊猫"之称的"中国最大淡水鱼类"长江白鲟被正式宣布灭绝。

3.4　水环境不干净——上下受污、水质堪忧

我国地表水环境不断好转，但海河等一些流域仍存在"有河皆干、有水皆污"等严重问题。❶ 2022 年，全国地表水检测 3 629 个水质断面中，劣Ⅴ类约 26 个。1 890 个国家地下水水环境质量考核点位中，Ⅴ类（无法饮用）占 22.4%。❷ 开展水质监测的 210 个重要湖泊（水库）中，劣Ⅴ类占 4.8%。开展营养状态监测的 204 个重要湖泊（水库）中，富营养状态约占 29.9%。2021 年全国长江、黄河、淮河等七大重点流域水生态涉及的 701 个监测点位中，中等、较差及很差状态占 59.9%。2021 年全国污水排放量超 700 亿 m^3，但再生水利用量只有 117.1 亿 m^3，不足污水排放总量的 16%。

【拓展9　地表水环境质量标准】

类别	适用环境
Ⅰ类	源头水、国家自然保护区
Ⅱ类	集中式生活饮用水地表水源地一级保护区、珍稀水生生物栖息地、鱼虾类产场、仔稚幼鱼的索饵场等
Ⅲ类	集中式生活饮用水地表水源地二级保护区、鱼虾类越冬场、洄游通道、水产养殖区等渔业水域及游泳区
Ⅳ类	一般工业用水区及人体非直接接触的娱乐用水区
Ⅴ类	农业用水区及一般景观要求水域

注： 劣Ⅴ类，指的是污染程度已超过Ⅴ类的水。

---

❶　深化水权水价制度改革 努力消除"公水悲剧"现象．水利部发展研究中心，2022.4.

❷　2022 中国生态环境状况公报.

第二章 节水要做先行者

治水包括开发利用、治理配置、节约保护等多个环节。治水要良治，良治的内涵之一是要善用系统思维统筹水的全过程治理，分清主次、因果关系，找出症结所在。当前的关键环节是节水，从观念、意识、措施等各方面都要把节水放在优先位置。

——2014 年 3 月 14 日，习近平总书记在中央财经领导小组第五次会议上的讲话

要建立水资源刚性约束制度，严格用水总量控制，统筹生产、生活、生态用水，大力推进农业、工业、城镇等领域节水。

——2021 年 5 月 12 日至 13 日，习近平总书记在河南南阳考察时的讲话

坚持节水优先、空间均衡、系统治理、两手发力的治水思路，遵循确有需要、生态安全、可以持续的重大水利工程论证原则，立足流域整体和水资源空间均衡配置，科学推进工程规划建设，提高水资源集约节约利用水平。

——2021 年 5 月 14 日，习近平总书记在推进南水北调后续工程高质量发展座谈会上的讲话

为应对水危机，我国形成了水资源开采、净化处理、节约用水等多种方式。与其他方式相比，节约用水潜力无限、成本较低、参与面最广，在我国用水现状所反映出的情势下，节水的操作优势更为突出。贯彻"十六字"治水思路，首要是把节水作为解决我国新老水问题的关键所在来优先考虑，作为优化水资源配置、开发、利用、保护、调度的领头雁来优先统筹。

1　节水空间大

"十三五"期间，我国节水水平已达到全世界平均水平，用水效率大幅提升，超额完成节水型社会建设的主要目标。但相比世界先进水平而言，仍有很大的节水空间。

"十三五"节水型社会建设主要目标指标完成情况

指标	2015 年	主要目标	完成情况
万元国内生产总值用水量下降率/%	—	23	28.0
万元工业增加值用水量下降率/%	—	20	39.6
农田灌溉水有效利用系数	0.536	0.550	0.565
城市公共供水管网漏损率/%	15.2	≤10	10 左右

注：万元国内生产总值和万元工业增加值用水量下降率均采用 2015 年不变价计算。

1.1　采水：供不应求亮"红灯"

我国部分地区水资源开发程度普遍偏高，超过水资源承载能力。地下水超采面积达 28 万 km²，[1] 海河、黄河流域水资源开发利用率高达 102%和 80%，[2] 远超 40%的生态警戒线。[3] 在这种情况下，工程开

---

[1]　人民资讯．国新办发布丨21 个省区市存在地下水超采问题，华北地区最严重．2021.11.

[2]　中国环境报．海河流域生态流量管理应坚持反退化、保总量、优过程．2021.3.

[3]　腾讯网．《黄河保护法》出台流域内禁止取用深层地下水用于农业灌溉．2022.11.

源将面临"巧妇难为无米之炊"的困境。

1.2 节水:浪费严重潜力大

我国用水浪费严重,万元国内生产总值用水量明显高于欧洲国家平均水平。通过加大节水力度,到 2035 年全国总节水潜力可达 613.7 亿 m³,相当于黄河的年均径流量。

农业:2022 年,全国农田灌溉水有效利用系数为 0.572,远远低于世界先进水平 0.7~0.8。❶

工业:2022 年我国万元工业增加值用水量 24.1 m³,每增加 1 万元产值的耗水量几乎是新加坡(2.44 m³)的 10 倍,❷规模以上工业用水重复利用率 92.9%,仅相当于发达国家的 21 世纪初期水平。

城镇:2021 年城市公共供水管网漏损率为 10% 左右,远高于日本东京的 3% 和美国洛杉矶、芝加哥、旧金山等城市的 5% 左右。城乡漏损水量 94.08 亿 m³,1 年漏掉了 672 个西湖(西湖蓄水量 0.14 亿 m³)!❸

再生水:缺水城市再生水利用率为 20% 左右,远低于以色列再生水 90% 的高利用率。❹

【拓展 1 "十四五"节水型社会建设主要目标指标】

指标	2025 年
用水总量/亿 m³	<6 400
万元国内生产总值用水量下降率/%	16.0 左右
万元工业增加值用水量下降率/%	16.0
农田灌溉水有效利用系数	0.58
城市公共供水管网漏损率/%	<9.0

注:万元国内生产总值和万元工业增加值用水量下降率为与 2020 年的比较值。

---

❶ 水利部. 2021 年中国水资源公报.

❷ 广东省节约用水办公室. 高分通过省级验收! 广东深圳市大鹏新区提前一年完成节水型社会达标创建. 2021. 8.

❸ 住建部. 2021 年城乡建设统计年鉴.

❹ 公共机构节水"云课堂". 2022. 3.

2 节水成本低

为满足用水需求，人们采用了很多办法，但相对而言，目前节水成本是偏低的，其他方式成本相对较高。

2.1 海水淡化

海水淡化技术是目前公认的解决淡水短缺的最佳解决方案之一。目前海水淡化成本为 $4\sim5$ 元/m³，远高于国内居民生活用水价格，且由于海水本身污染加剧，导致会消耗更多的能源和成本。

【拓展2 海水淡化步骤】

海水淡化处理技术是指将水中的多余盐分和矿物质去除得到淡水的工序。国际上使用得最多的是反渗透法，即分为泵抽、预处理、反渗透、后处理、储存及输送 5 个步骤。

2.2 污水净化

污水处理厂的污水处理成本包括电源消耗、药剂、设施设备、消毒、污泥处置、人工等部分，目前成本为 $0.4\sim0.6$ 元/m³。

【拓展3 新加坡推出特殊"新生啤"】

新加坡日前推出"NEWBrew"牌啤酒，特别的是该啤酒是利用冲厕所回收的污水制成的。新加坡水务局和当地啤酒厂家展开合作，首先利用紫外线对污水进行消毒，随后使用顶尖的过滤膜过滤掉其中的有害杂质。目前，第一批上市的"新生啤"销量喜人，但也有不少消费者有抵触情绪。

2.3 地下水地表化

地下水不仅制水成本高，为 $1\sim2$ 元/m³，还面临超采困境。目前我国 21 个省（区、市）存在地下水超采问题，超采总面积达 28 万 km²，年均超采 158 亿 m³。

2.4　过境水本地化

新建水利工程拦蓄过境水，可实现洪水资源化，提高本地水资源量，其成本为 1.5~3 元/m³。国家发展改革委提出对于新建引调水工程，要科学论证工程建设必要性和开发规模，坚持"确有需要、生态安全、可以持续"和"先节水后调水、先治污后通水、先环保后用水"原则。

3　节水参与广

与开发水资源相比，节水可贯穿人们生活各领域、生产全过程，利及各行各业各地各单位，做到人人参与、时时节水、处处增益。

3.1　人多力量大

"每人每天省一滴，年供成人四万七"。一滴水只有 0.05 g，看似微不足道，但是每人每天节约一滴，14 亿人一年汇聚起来就是 2.6 t，可供 4.7 万人喝上一年！

3.2 企业热情高

各行各业积极响应节水行动，重视节水减排，加强节水改造，有效降低水费、排污费支出，提高产值效益。我国 2022 年万元工业增加值用水量较 2012 年下降 60.4%❶，超额完成《国家节水行动方案》阶段性目标。截至 2022 年，各地积极培育节水服务企业，实施合同节水管理项目 448 项，年节水量达 2.95 亿 m³。

3.3 社会贡献多

《"十四五"节水型社会建设规划》提出明确要求，农业农村要以水定地、工业要以水定产、城镇要以水定城。到 2025 年，基本补齐节约用水基础设施短板和监管能力弱项，节水型社会建设取得显著成效，用水总量控制在 6 400 亿 m³ 以内，万元国内生产总值用水量比 2020 年下降 16.0% 左右，万元工业增加值用水量比 2020 年下降 16.0%，农田灌溉水有效利用系数达到 0.58，城市公共供水管网漏损率小于 9.0%。

---

❶ 水利部．水资源公报．

第三章 节水依靠你我他

要深入开展节水型城市建设，使节约用水成为每个单位、每个家庭、每个人的自觉行动。

——2014年2月25日，习近平总书记在北京考察时的讲话

要坚持以水定城、以水定地、以水定人、以水定产，把水资源作为最大的刚性约束，合理规划人口、城市和产业发展，坚决抑制不合理用水需求，大力发展节水产业和技术，大力推进农业节水，实施全社会节水行动，推动用水方式由粗放向节约集约转变。

——2019年9月18日，习近平总书记在黄河流域生态保护和高质量发展座谈会上的讲话

节约用水，事关长远和当前、集体和个人、理论和实践，不仅需要顶层做好设计，而且需要基层人人参与。因此，要推动制度建设，让节水各个环节形成良好的运行方式；助长理念形成，为全社会节水行动提供思想引领；促进体系构成，由点及面地保障节水工作"无死角"开展；注重团队合作，形成多方参与和分工的节水过程；抓紧技术开发，让理论作用于节水实践；宣传方式方法，使每家每户感受到节水成效；创新节水范畴，开发节约用水的新思路。

1　建成节水机制

■ 1.1　最严格的水资源管理制度——限两控、三条红线

2011 年中央一号文件已明确提出，实行最严格的水资源管理制度，建立用水总量控制、用水效率控制和水功能区限制纳污"三项制度"，相应地划定用水总量、用水效率和水功能区限制纳污"三条红线"。目前，这项工作推进顺利，用水效率、效益都得到明显提升。

■ 1.2　水权分配和交易制度——水权变现钱、节水有收益

中国水权制度的特点是由国务院代表国家行使水资源所有权，其他自然人和法人行使对水资源的利用权。通过水权分配确定水权，让水有了具体的使用"主人"。通过水权市场交易，变水权为商品，激励人人参与节约用水。

■ 1.3　中水回用制度——质量递减、链条延长

中水回用是利用人们生产、生活和生态用水对水质的不同要求，将小区内使用后的各种排水如生活排水、冷却水及雨水等，经过适当处理后回用于小区内的绿化浇灌、道路冲洗、家庭坐便器冲洗等，延长水的使用链条，提高水的利用率，达到节约用水的目的。

【拓展 1　法国和日本节水妙招】

法国生态淋浴系统将洗澡水过滤后循环装入马桶，可节省近40%生活用水；日本人用导管把屋顶雨水收集处理后提升到中水道中，供冲洗厕所等使用。

■ 1.4　阶梯水价制度——用得越多、交得越贵

2014 年 3 月 14 日，习近平总书记在中央财经领导小组第五次会议上的讲话中指出，发挥好政府作用要善用税，学会用税收杠杆调节

水需求。发挥市场机制作用要善用价，让价格杠杆调节供求。阶梯水价一般有两种：累退制和累进制。累退制是充分发挥水厂的规模效应，在一定范围内，水厂制水越多，单位成本越低，因此用水越多，水价越低。累进制正好相反，用水越多，价格越高。我国采用的累进制阶梯水价，如重庆2022年水费标准，这是从价格角度鼓励和刺激大家节约用水。

项目	第一阶梯	第二阶梯	第三阶梯
用水量/（m³/a）	≤260	261~360	≥361
水价/（元/m³）	3.50	4.22	5.90

【拓展2　德国节水妙招】

德国将提高水价作为最有效的节水办法。德国自来水的平均价格在欧盟各国中最高，且水费和废水处理费分开收取。粗略计算，德国水费约是我国的5倍。

2　形成节水理念

2.1　节水要从娃娃抓起

今天的娃娃是明天的栋梁，他们今天养成好的习惯，事关民族的明天。我们既要自觉节水，成为孩子们学习的榜样，更要培养他们从小树立节约光荣、浪费可耻的观念，尤其在用水方面要杜绝"寅吃卯粮"，让孩子们从不敢浪费水逐步转变成不忍浪费水。

2.2　节水要从点滴做起

积沙成塔、聚滴成河。节约用水需要从一点一滴做起，养成好习惯，尤其要杜绝滴滴水、长流水、邻家水等情况发生。

2.3　节水要从成本算起

实施阶梯水价后，节水就意味着省钱。在基本用水需求范围内，水价具有公益性、低成本性；超过一定水量后，水价具有惩罚性，有的会远远超过治水成本。控制用水量既响应国家号召，又节约小家成本。

2.4 节水需要人人参与

节水涉及每家每户，没有门槛，人人均可参与，也需要人人参与。新时代的每一位公民都应参与其中，不仅自身做到节约用水，而且积极宣传节水的好处、推介节水的好方法，使更多人加入到节水队伍中来。

3 构成节水体系

节水是一项系统性工程，既需要立说立行，也需要长期坚持；既需要总量控制，也需要定额管理；既需要点上突破，也需要面上实施；既需要个体参与，也需要集体努力；既需要政府统筹，也需要市场发力……总之，只有形成完善的节水体系，才能协调各方统筹推进。

3.1 城乡共进

节约用水没有城乡差别，既要全面推进节水型城市建设，也要加快节水型社会建设。目前，城市节水和校园节水等积极推进，农村节水需要加大力度，迎头追赶。

3.2 产业并举

从目前形势看，第一、二、三产业都存在浪费水资源的情况，都有节约的空间。因此，节水理念、经验都应贯穿于第一、二、三产业之中，节水技术、技巧都应推广于生产、生活和生态之中，不能偏废。

3.3 区域携手

我国南北水资源差异大、东中西部发展不平衡，但节水没有贫富之差、先后之分、快慢之别，需要同步推进，尤其是南方不能因水资源丰富而浪费用水，东部不能因经济发达而大手大脚。

3.4 政市同向

节约用水需要政府和市场两手同时、同向发力，共同推进。政府这双"有形的手"要做好统筹规划、顶层设计、监督实施和效果评价等工作，确保满足人们的基本需求；市场这双"无形的手"要充分运用水价制定、水费收取、水权交易等市场机制，调节人们的用水习惯，激励他们节约用水。

4 养成节水习惯

2021年全国用水总量5 920.2亿 m^3，与2020年比较，用水总量增加18%，其中生活用水量增加了46.4亿 m^3，"贡献"了近一半用水增量。❶ 因此，生活节水非常关键，养成日常节水习惯异常重要。

4.1 关掉"滴滴水"

城镇居民曾用机械水表，滴水不会转动，由此出现了"滴滴水"现象。水质检测中心表示，"滴滴水"会导致杀菌消毒的氯挥发，从而滋生细菌，常吃"滴滴水"会危害身体健康。因此，关掉"滴滴水"不仅利于节水，也益于健康。

4.2 杜绝"长流水"

随着大批水利工程尤其是供水工程投入使用，我国城乡供水工程体系日益完善，解决了人们的用水需求，但也导致部分人养成了粗放的用水习惯。特别是丰水地区，自来水就是"自流"水，成本低，有的甚至是免费供应，群众难以形成水危机意识，出现"长流水"现象。

4.3 管好"邻家水"

在"节约归己"的利益驱动下，很多人在自己家里能做到节约

---

❶ 公共机构节水"云课堂".2022.3.

用水，但在公共区域用水就大手大脚、毫无节制。如外出住宾馆，因费用是"包干制"，就会变淋浴为泡浴、洗脸刷牙使用"长流水"等；又如会议室饮水，因多为主办方免费提供，开瓶后只喝一部分就丢弃的情况十分普遍。

5　组成节水团队

节水是全社会共同的事业，泛泛而谈极易导致节水工作效果不明显，需要有示范队冲锋在前、科技团攻坚克难、监督员考核评估，由此打造节水团队矩阵，在全社会形成节水阵势。

5.1　节水示范团队

首先，各级各类党政部门、企事业单位应率先垂范，当好节水的"领头羊"，带头建设好"节水型机关"或"节水型单位"。

其次，各级各类学校要号召学生全面认真贯彻节水优先思路，建设好"节水型校园"。

再次，各级各类企业应积极响应，创新节水技术和方法，大力开展"节水型企业"建设……由此形成的众多示范团队打开节水工作的突破口，为全社会节水做表率。

5.2　节水科技尖兵

节水技能技巧的研发不仅依靠专业的科学家，更需要全社会的集思广益，人们通过对日常生活的观察和分析，形成一大批"能用、适用、好用、会用"的节水小妙招，见效快、好上手、成本低、易推广。如此便能让每个人分享到节水科技红利，参与到节水工作的各个环节中去，开发群众智慧，人人争当节约用水的科技尖兵。

5.3　节水监督队伍

群众的眼睛是雪亮的，他们既是节水行动的参与者，也是节水政策落实情况的监督者。因此，要发动广大群众行使好这一神圣权利，发现对节水不利和节水不力的行为要及时纠正，遇见公共设施设备漏水、渗水时及时主动报修。通过群众监督敦促用水单位加大节水力度，让节水工作更有价值、节水成果更加凸显。

6 集成节水技术

节水需要理念与技术并进。如果空有理念而缺乏具体技术去推动，则难以取得实质性进展；没有技术带来的效益，就难以推动各行各业及社会公众参与到节水行动中来。因此，重视节水技术的研发和推广，是贯彻节水理念、落实节水成效的决定性因素。

6.1 生产节水抓关键

农业生产大力推广高效节水灌溉技术，正在由"大水漫灌"向"精准滴灌"转变。工业生产大力实施节水技术改造，逐步淘汰高耗水工艺、技术和装备，在各环节形成良性循环。

6.2　生活节水抓普及

与生产节水相比，生活节水具有覆盖面广、参与度高等特征，但目前效率较低、成果较少、压力较大，需要狠抓节水技术开发和推广。

通过中水回用可实现生活用水分质供水，不仅可延长用水链条，而且可提高用水效益。分质供水包含饮用水和非饮用水两套供水系统，非饮用水供水系统的水源主要是经过适当处理的中水，可用于厕所冲洗、绿化浇灌等。这样，居民生活用水能实现最大限度的循环利用。

生活节水技术不仅依靠上层技术开发，更多来自"民间科学家"的节水"小妙招"。老百姓在生活中不断试错和总结，发明的节水妙招往往更实用，但这些"金点子"常常因为缺乏收集或宣传平台而被埋没，需要发现与激励。

6.3　生态节水抓创新

生态节水是个全新的领域，需要不断探索和尝试，巧妙借用天然河道、人工水库、原始沼泽以及森林涵养、海绵城市建设等，可满足部分生态用水需求，丰富生态节水内涵。

7　推广节水方法

2021年10月22日，习近平总书记在深入推动黄河流域生态保护和高质量发展座谈会上的讲话中提到：我们那会儿在陕北用水，水舀出来，先舀一缸子准备刷牙，然后洗头洗脸再洗脚。现在随着生活水平的提高，打开水龙头就是哗哗的水，在一些西部地区也是这样，人们的节水意识慢慢淡化了。水安全是生存的基础性问题，要高度重视水安全风险，不能觉得水危机还很遥远。如果用水思路不改变，不大力推动全社会节约用水，再多的水也不够用。

生活节水，人人有责。生活节水方法多种多样，既有普适性的，也有地域差异性的，本书收集部分节水方法，仅供参考，也欢迎大家创新和补充。

7.1　适度取用：降低总量

7.1.1　洗护

（1）洗澡要专心致志，抓紧时间，不要悠然自得或边聊边洗，每少洗 1 分钟，就可节约 12 L 水。

（2）"站着洗"好过"躺着泡"。淋浴的用水量只占盆浴的 1/3，适当降低使用浴缸的频次，洗浴后的水可用于冲厕。

（3）用脸盆和杯子接水，一个三口之家每个月可节约近 4 t 水。

（4）间断冲洗随手关，中小水量最适宜。

（5）老式马桶有新招。更换老式水箱或水箱配件，实现两挡式排水，或是在水箱内增加重物占去空间来调整水箱水量，减少每次冲水量。

（6）洗衣机洗少量衣物时，水位不宜设定太高，用水过多，衣服在漂洗时缺少摩擦，更加不容易洗干净。

（7）选用适配的低泡沫或无泡沫洗衣产品，并适量投放，有助于提高洗衣效率，避免不必要的反复冲洗。

（8）衣服太少集中洗，少量衣物用手洗。

7.1.2 厨房

（1）洗菜时，先抖去浮土再冲洗，控制水流量，间断冲洗，或用盆接水洗。

（2）炊具、餐具先擦去油污，用热水清洗一遍，最后再用较多温水或冷水冲洗干净，既省力又节水。

（3）不用长流水解冻食物。用盐水或冷水隔水浸泡，口感好，营养流失也少。

7.1.3 外出活动

（1）外出、开会时的矿泉水瓶没喝完记得随身带走。

（2）外出就餐，尽量少更换碟子，减少餐厅碟子的洗刷量，从而减少用水。

7.2 一水多用：延长链条

7.2.1 洗护多用

（1）洗脸水用后可以洗脚，然后冲厕。

（2）用淘米水洗菜能有效去除果蔬上的农药残留。

（3）用洗米水、煮面汤、过夜茶清洗碗筷，可以去油，节省用水量和洗洁精的污染。

（4）清洗果蔬的水或养鱼的水给盆栽植物浇水，可以促进植物生长；使用喷壶适量浇水避免花盆的水溢出。

（5）常备盛水桶和水盆，如淋浴时用大号盆接水，将收集的污水用来冲洗厕所。

（6）洗衣机排水时，可将排水管接到储水设备，如水桶、水盆等，回收的水可再利用。

7.2.2 洗车要用回收水

洗车要用回收水，注重保洁少清洗。

7.2.3 隔夜水多用

（1）隔夜水可能会滋生细菌，但仍可以用来浇灌绿植。

（2）隔夜茶水还可以放进冰箱里去除冰箱异味。

（3）冬天灌热水袋前不要随手倒掉里面的剩水，可与其他循环水收集在一起再利用。

7.3　器具利用：省时省心

7.3.1　节水器具选用

（1）选用有陶瓷芯片、变距式、自闭式等多种高新技术的新式水龙头。

（2）选用节水型坐便器，安装可控制出水量大小的马桶配件，视情况使用不同挡位，一次性冲水量小于 5 L，半次冲水量小于 3.5 L，并适当调整冲水时间。

（3）选择节水型花洒，调节热水进入滚水槽的流入量，使热水可以迅速准确地流出，减少凉水的浪费。

（4）选择节水型洗衣机，按衣服种类、数量以及洗衣需求调整洗涤时间和功能，以避免过度用水。使用温热水洗衣，污渍更易清洗。

（5）用煮蛋器取代用一大锅水来煮蛋。

（6）若家中水压较高，应该在出水口加装一个限流阀或限流片，减少出水量。

（7）购买节水器具时，认清水效标识。

【拓展3　水效标识成效】

水效标识制度的实施，每年将节水 60 亿 m^3，折合水费超过 120 亿元。在澳大利亚，居民对于水效标识认可度达 87%，70%的消费者依据水效标签来遴选产品。

7.3.2　注重器具保养

（1）马桶不是垃圾桶，不要把烟头、碎屑等垃圾扔进坐便器。

（2）日常检查水龙头、水阀、排水阀，及时查漏塞流。冬季注意对室外的水管进行防冻裂处理。

（3）发现公共设施设备漏水、渗水时及时主动报修。

8　拓展节水范围

8.1　节粮也是节水

世界水消费量的约 70% 用于生产粮食，据联合国教科文组织提供的数据，生产 1 t 谷物所需的水量：小麦是 150 t，大米是 2 659 t，玉米是 450 t，大豆是 2 300 t，平均需水约 1 000 t。随着人类生活品质的提高，食用肉消费量不断增加，其每增加 1 亿 t，谷物需求量就增加 7 亿 t，由此可见节约粮食就是节约用水。

8.2　节电也是节水

我国目前发电方式以火力发电为主。水资源在火力发电中是热力循环、做功、凝结、冷却的重要介质，发电时会产生大量的生产用水，所以节电也是节水。每节约 1 kW·h 电，就能节约 4 L 水。

【拓展4　三峡移民精神】

1992 年 4 月 3 日，全国人大通过建设三峡工程的决议。作为一项国运所系的重大水利枢纽工程，三峡工程除建设任务外，最艰巨的就是淹没区的"百万大移民"。在党的领导以及全国多省市的对口支援帮助下，三峡移民工程历时 17 年，迁徙移民 131 万人。移民们含着泪水辞别旧家，自强不息地开创新家，凝聚了顾全大局的爱国精神、舍己为公的奉献精神、万众一心的协作精神、艰苦创业的拼搏精神和开拓开放的创新精神。

三峡电站多年平均年径流量约 4 300 亿 m³，平均每年可发电 882 亿 kW·h，每天发电量约占全国的 1/30。水力发电的基本原理是利用水位落差，配合水轮发电机产生电力，水会继续流下去，理论上不会产生水资源浪费。

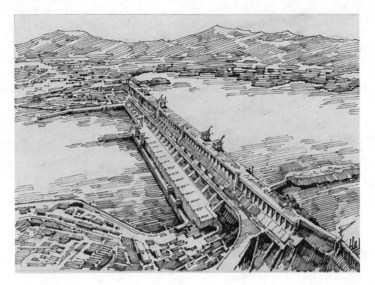

结　语

　　水资源危机不容小觑，我们必须践行"节水优先"思路，担起水资源保护重任，做到知水、爱水、节水、护水。一次细心的查看、一次举手之劳、一次倒水前的思考，都能节约大量水资源，而要做到这些对于我们来说并不困难。改变就在当下，坚持就会胜利。让我们积极行动起来，爱护每一滴水，让生命之源永不断流！

附　录

1　国家节水标志

国家节水标志，是由水滴、手掌、地球变形而成的图案，绿色的圆形代表地球，象征节约用水是保护地球生态的措施。一只手托起一滴水，表示节水需要公众参与，鼓励人们从我做起，厉行节水。手掌像一条蜿蜒的河流，象征着滴水汇聚成河。整个字形像"心"中间部分，而水滴刚好是"心"中间的那一点，象征节水需要每一个人放在心上，用心去做，节约每一滴珍贵的水资源。

2　全国节约用水吉祥物

吉祥物"霖霖"由全国节约用水办公室推出。"霖霖"的名字意为雨水充足，源源不断；头顶钥匙，意在提醒公众拧紧节水意识、行为的水龙头；肩戴袖标，意在号召人人争当节水志愿者。

3 国家水效标识

《水效标识管理办法》于 2018 年 3 月 1 日起正式施行，与能效标识类似，水效标识是附在用水产品上的信息标签，消费者可通过扫描二维码识别器具节水性能：1 级，高效节水型器具；2 级，节水型器具；3 级，市场准入的节水型器具。

4 世界水日

为了唤起公众的节水意识，加强水资源保护，1993 年 1 月 18 日，第四十七届联合国大会做出决议，确定每年的 3 月 22 日为"世界水日"。

5 中国水周

　　因与"世界水日"主旨和内容相似，我国把"中国水周"定在每年的 3 月 22—28 日（世界水日后一周）。

参考文献

[1] 李桃，郑寓，程萌，等. 节水产品技术体系的构建与研究 [J]. 水利技术监督，2022（4）：1-3, 33.

[2] 宋成明. 高效节水灌溉技术在景电灌区中的应用 [J]. 南方农机，2022（8）：166-168.

[3] 谷树忠，陈茂山，杨艳，等. 深化水权水价制度改革 努力消除"公水悲剧"现象 [J]. 水利发展研究，2022（4）：33-38.

[4] 刘俊良，李会东，张小燕，等. 节约用水知识读本 [M]. 北京：化学工业出版社，2017：156.

[5] 水利部水情教育中心. 基础水情百问 [M]. 武汉. 长江出版社，2014：115.